BEI GRIN MACHT SICH IHR WISSEN BEZAHLT

- Wir veröffentlichen Ihre Hausarbeit, Bachelor- und Masterarbeit

- Ihr eigenes eBook und Buch - weltweit in allen wichtigen Shops

- Verdienen Sie an jedem Verkauf

Jetzt bei www.GRIN.com hochladen und kostenlos publizieren

Bibliografische Information der Deutschen Nationalbibliothek:

Die Deutsche Bibliothek verzeichnet diese Publikation in der Deutschen National-
bibliografie; detaillierte bibliografische Daten sind im Internet über http://dnb.d-
nb.de/ abrufbar.

Impressum:

Copyright © 2018 GRIN Verlag
Druck und Bindung: Books on Demand GmbH, Norderstedt Germany
ISBN: 9783668962316

Dieses Buch bei GRIN:

https://www.grin.com/document/477499

Rolf Schacht

Gesetzliche Rahmenbedingungen zur Förderung von Nachhaltigkeit

Beschreibung und Diskussion der Auswirkungen der Novellierungen des EEG (Erneuerbare- Energien-Gesetz) auf den Biomassenanbau

GRIN Verlag

„Gesetzliche Rahmenbedingungen zur Förderung von Nachhaltigkeit"

Beschreibung und Diskussion der Auswirkungen der Novellierungen des EEG (Erneuerbare-Energien-Gesetz) auf den Biomassenanbau

Inhaltsverzeichnis

1. Einleitung

11. März 2011, 14:46 Uhr Ortszeit Fukushima, zu diesem Zeitpunkt änderte sich die Entwicklung der Energiewende in Deutschland drastisch. Durch eine Reihe an katastrophalen Un- und Störfällen erreichte die Katastrophe im japanischen Kernkraftwerk Fukushima Daiichi die höchste Stufe sieben auf der INES-Skala[1]. Die bereits etwa 1990 begonnene Energiewende in Deutschland, durch das Energieeinspeisungsgesetz, welches zu Beginn des Jahres 1991 in Kraft trat, wurde schneller und radikaler vorangetrieben. Seit 2000, mit Einführung des Erneuerbare-Energie-Gesetzes (EEG) und dessen Anpassungen in den Jahren 2004, 2009, 2012, 2014 und aktuell in 2016/2017, versucht die Bundesregierung die Wende in der Energiewirtschaft voranzutreiben. Bereits zwei Tage nach der Katastrophe wurden die sieben ältesten Kernkraftwerke in Deutschland vom Netz genommen, allein diese Tatsache zwingt die Energiewirtschaft und Politik zur Alternativenbildung um Versorgungsengpässe und -lücken zu vermeiden.

Der global kontinuierliche Anstieg des Energiebedarfes wird überwiegend aus fossilen und daraus resultierend endlichen Energieträgern gedeckt.[2] Durch die Endlichkeit fossiler Brennstoffe und Energieträger, ist die Energieversorgung nur temporär gesichert und es müssen Alternativen entwickelt, vorangetrieben und gefördert werden. Die Energiewende ist in den letzten Jahren und Jahrzehnten das meist diskutierte Thema in Politik und Gesellschaft. Die Folgen des Klimawandels werden Jahr für Jahr stärker wahrgenommen und auch die Gesellschaft fordert immer inständiger die Abkehr von alten überholten Energiegewinnungsmethoden.

„Alle Länder werden ihre Emissionen erheblich reduzieren müssen, um die Ziele des Pariser Abkommens zu verwirklichen. Welchen Pfad sie dorthin wählen, wird abhängen von länderspezifischen Faktoren, unter anderem ihrem Einkommensniveau, sein."[3] In Deutschland versucht die Bundesregierung diese Klimaziele und den damit verbundenen Wandel durch die Durchsetzung des EEG voranzutreiben und zu fördern.

---

[1] Internationale Bewertungsskala für nukleare Ereignisse
[2] Vgl.: OECD-Kernaussagen (2018) S. 1
[3] OECD-Investieren in Klimaschutz, investieren in Wachstum (2017), S. 2

Diese Arbeit stellt einen kurzen geschichtlichen Abriss des Gesetzes dar und beschreibt bzw. diskutiert die Auswirkungen dieser Novellierung auf den Biomassenanbau in Deutschland.

2. Geschichtlicher Abriss

Wegbereiter für das Erneuerbare-Energien-Gesetzt war das ab dem 01.01. 1991 geltende Gesetz über die Einspeisung von Strom aus erneuerbaren Energien in das öffentliche Netz, kurz Stromeinspeisungsgesetz, aus der Gesetzesvorlage vom 07.12. 1990 der Fraktionen CDU/CSU und FDP[4,5], welches als erstes Ökostrom-Einspeisegesetz der Welt gilt.[6] Mit Hilfe dieses Gesetzes wurde die Einspeisung des Stromes aus erneuerbarer Energie, welcher häufig von kleinen Unternehmen produziert wurde und denen der Zugang von großen Netzbetreibern untersagt wurde, verbindlich geregelt. Die Netzbetreiber wurden der Abnahme des Stromes verpflichtet und eine Mindestvergütung festgelegt, beispielsweise lag die Vergütung von Biomasse im Jahr 2000, kurz vor Einführung des EEG bei 14,31 Pfennig/kWh.[7]

Am 29. März 2000 ersetzte das Erneuerbare-Energien-Gesetz das Stromeinspeisungsgesetz,[8] erforderlich wurde das Gesetz aufgrund der stark steigenden Anzahl an Windkraftanlagen und den Verpflichtungen gegenüber dem Kyoto-Protokolls bis 2010 21% der Treibhausemissionen zu senken.[9] Die Einspeisung von erneuerbarer Energie ins Netz erhält einen Vorrang vor konventionellen Energiequellen. Die Mindestvergütung der Energie wird auf zwanzig Jahre festgelegt, im Jahr 2000 betrug die Vergütung für Energie aus Biomasse bis zu 20 Pfennig/kWh.[10]

---

[4] Vgl.: Gesetzesentwurf (1990) S. 1ff
[5] Vgl.: Bundesgesetzblatt (1990) S. 2633f
[6] Vgl.: Lüdeke-Freund (2014) S. 439
[7] Vgl.: Leuschner (2018)
[8] Vgl.: Bundesgesetzblatt (2000) S. 305
[9] Vgl.: Bundesministerium für Wirtschaft und Energie – 2000 (2018)
[10] Vgl.: Leuschner (2018) http://www.udo-leuschner.de/basiswissen/SB103-06.htm

Eine novellierte Fassung des EEG vom 21. Juli 2004 trat am 01. August 2004 in Kraft[11], es regelt die Kostenabwälzung der durch des EEG entstandenen Abnahmezwanges der Energieversorger und angeschlossenen Dienstleister auf den Letztverbraucher.[12]

2012 erfolgte eine grundlegende und umfassende Überarbeitung des EEG, Aufbau und Gliederung wurden geändert. Die wesentlichste Veränderung bezieht sich auf Regelungen zum Härteausgleich bei Nichteinspeisung und der Direktvermarktung von Strom aus erneuerbarer Energie.[13] Durch das neu gefasste Gesetz haben Netzbetreiber die Möglichkeit über das Netzmanagement direkte Zugriffsmöglichkeiten auf die einspeisenden Erzeugungsanlagen, deren Leistung sie kontrolliert absenken könne, um Überlastungen zu verhindern.[14] Die Bundesregierung hält an den ambitionierten Ausbauplänen, von 35% bis 2020, 50% bis 2030, 2040 mindestens 65% und 80% bis 2050, fest.[15][16]

Durch das EEG entwickelte sich die Sparte der erneuerbaren Energien von einem Nischenprodukt hin zu einem Marktanteil von 25% im Jahre 2014.[17] Eine Anpassung des Gesetzes wurde notwendig, um „der Kosteneffizienz und Wirtschaftlichkeit des Gesamtsystems einschließlich des Netzausbaus und der notwendigen Reservekapazitäten eine höhere Bedeutung zuzumessen"[18] Zur Durchsetzung der ambitionierten Ziele wurde eine 10-Punkte-Energie-Agenda erarbeitet, die den Ausbau, Nutzung und Weiterentwicklung mindestens bis 2018 regelt und sichert.

2016/2017 wurde durch die Neuregulierung des Gesetzes ein Systemwechsel vom Modell der Einspeisevergütung hin zum Ausschreibungsverfahren vollzogen, d.h. der Preis für erneuerbare Energie wird nicht mehr staatlich festgelegt, sondern per Ausschreibungen am Markt ermittelt.[19,20] In diversen Studien wird dargelegt, dass diese Anpassung die Ziele des Pariser Klimaabkommens gefährden bzw. unerreichbar machen.[21]

---

[11] Vgl.: Bundesgesetzesblatt (2004) S. 1918
[12] Vgl.: Bundesministerium für Wirtschaft und Energie – 2004 (2018)
[13] Vgl.: Bundesministerium für Wirtschaft und Energie – 2009 (2018)
[14] Vgl.: §§ 11,12 EEG
[15] Vgl.: Bundesministerium für Wirtschaft und Energie – 2012 (2018)
[16] Vgl.: § 1 EEG
[17] Vgl.: Bundesministerium für Wirtschaft und Energie – 2014 (2018)
[18] Vgl.: Koalitionsvertrag CDU/CSU und SPD (2013) S. 36
[19] Vgl.: Abarzúa (2016)
[20] Vgl.: Bundesministerium für Wirtschaft und Energie – 2017 (2018)
[21] Vgl.: Quaschning (2016) S. 34

3. EEG Förderinstrument der Bioenergie

Im folgendem Kapitel wird das Erneuerbare-Energien-Gesetz bzw. die Biomasseverordnung untersucht. Der Fokus liegt hierbei auf der gewünschten Anreizwirkung durch das Gesetz. Untersucht werden verschiedene Varianten des EEG, sowie die dadurch entstehende Entwicklung im deutschen Markt. Messbare Untersuchungsmerkmale sind z.B. die Anzahl der Biomasseanlagen im Zeitverlauf oder der flächenmäßige Anbau von Substratmasse für die Biomasseanlagen sowie deren Implikationen für Landwirte.

3.1 Biomasseanlagen

Mit dem EEG aus dem Jahre 2004 wurde zusätzlich die Anreizvergütung für das Betreiben einer Biomasseanlage verbessert. So erhalten „kleine Anlagen" mit einer Leistung bis zu 150 MW eine gesicherte Grundvergütung von 11,5 ct/kWh über einen Zeitraum von 20 Jahren.[22]

Werden Anlagen erst im Januar 2005 oder später in Betrieb genommen, so wird die Grundvergütung jährlich um ca. 1.5 % gesenkt, d.h. desto früher eine Anlage den Betrieb aufnimmt, desto höher ist ihre kalkulierbare Vergütung für die nächsten 20 Jahre. Dies begünstigte insbesondere den Ausbau von „kleinen Anlagen" und führte zu einer beachtlichen Etablierung dieser Anlagen.[23]

Entsprechend des Förderpotenzials haben sich die Anzahl der Anlagen und die damit im Zusammenhang stehende Leistung stark erhöht. 2004 wurden ca. 300 neue Anlagen installiert. Im Jahre 2005 konnten 630 Anlagen und im Folgejahr ein Zuwachs von 820 Anlagen mit einer Leistung von 450 MW verzeichnet werden. Anno 2007 konnten lediglich 211 neue Anlagen in Betrieb gehen. Dies ist durch steigende Nachfrage und damit steigenden Preisen für Substratmasse, (nachwachsende Rohstoffe) national als auch international zurückzuführen. Im Zeitraum von 2000 bis

---

[22] Vgl.: Bundesgesetzesblatt (2004) S. 1920 f.
[23] Vgl.: Bahrs (2007) S. 262 f.

2008 konnte die Anzahl der Anlagen im Biomassesektor mindestens vervierfacht werden. Die installierte Leistung erhöhte sich um den Faktor 25.[24]

Die neuere EEG Variante aus dem Jahr 2009 bekräftigte diese Entwicklung und förderte ebenfalls den Ausbau der Anlagen.[25]

Die bereits beschriebenen Entwicklungen sind bis in das Jahr 2012, wie in Abbildung 1 dargestellt, nachzuvollziehen.

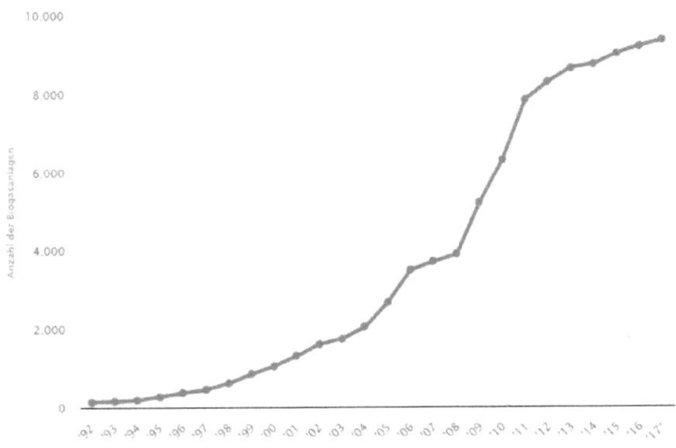

Abbildung 1: Anzahl Biomasseanlagen

Quelle: https://de.statista.com/statistik/daten/studie/167671/umfrage/anzahl-der-biogasanlagen-in-deutschland-seit-1992/

Mit der novellierten Fassung des EEG aus dem Jahr 2012 wurde unter anderem der sogenannte „Maisdeckel" eingeführt. Hierbei wird Mais als Substratmasse auf 60 % gedrosselt. Eine Überschreitung dieser Grenze verringert den Förderungsbonus durch das EEG. Mais ist wirtschaftlich betrachtet die beste Energiepflanze und wurde somit verstärkt angebaut. Eine Begrenzung des Substrates wirkte sich somit ebenfalls auf den Ausbau der Biomasse Anlagen hemmend aus.[26]

Die Letzte signifikante Änderung durch das EEG 2016 ist mit dem Wechsel zu einem Ausschreibungsverfahren wie in Kapitel 2 beschrieben zu erklären; D.h. die feste Einspeisevergütung über einen gesicherten Zeitraum von 20 Jahren wird aufgegeben und durch Ausschreibung, also marktwirtschaftliche Mechanismen ersetzt. Neu

---

²⁴ Vgl.: Schaper (2008) S. 90 f.
²⁵ Vgl.: Steinhäußer (2012) S. 442
²⁶ Vgl.: Steinhäußer (2012) S. 444

errichtet Biomasseanlagen sind somit sofort dem Wettbewerb am Strommarkt ausgesetzt und erhalten keine festgesetzte Einspeisevergütung.[27] Dies führte zu lediglich geringen Zuwächsen im Folgejahr.

3.2 Halmartige Biomasse

Die Förderung von Biomasse durch das EEG eröffnet insbesondere den Landwirten in Deutschland einen neuen Absatzmarkt. Ergänzend zum üblichen Anbau von Nutzpflanzen können nun Energiepflanzen angebaut werden und als Substratmasse in Biomasseanlagen verwendet werden. Das daraus resultierende Endprodukt ist Biokraftstoff, Strom bzw. das Nebenprodukt Wärme.[28]

In Deutschland erhöhte sich die Anbaufläche im Zeitraum von 1993 bis in das Jahr 2007 um ca. 2 Millionen Hektar. Die energetische Nutzung nachwachsender Rohstoffe, d.h. das Verwenden von Substratmasse für Biomasseanlagen ist primär dafür verantwortlich. 2006 stieg die Anbaufläche von Energiepflanzen um 37 %. In diesem Kontext wurde verstärkt Mais als Energiepflanze angebaut damit Biomasseanlagen betrieben werden können. In diesem Zusammenhang ist neben der festgesetzten Vergütung der „NaWaRo" Bonus von Bedeutung, d.h. Betreiber einer Biomasseanlage erhalten einen Bonus je produzierter Stromeinheit, wenn nachwachsende Rohstoffe, z.B. Mais verwendet werden.[29]

Des Weiteren wurde die Anbaufläche von Mais im Zeitraum von 2004 bis 2010 um weitere 32% erhöht. Punktuell nimmt der Maisanbau einen Anteil von über 50% der bestehenden Ackerfläche ein. Ein Beispiel dafür ist der Landkreis Rotenburg.[30]

Ein Grund für die Dominanz der Energiepflanze ist die Tatsache das Mais bereits als Nutzpflanze z.B. für Futtermittel eingesetzt wurde. Gewonnene Erfahrungen der Landwirte mit der Maispflanze begünstigen somit den Gebrauch für die energetische Nutzung.[31]

---

[27] Vgl.: Bundesministerium für Wirtschaft und Energie – 2017 (2018)
[28] Vgl.: Plieninger (2009) S. 139
[29] Vgl.: Schaper (2008) S. 90 f.
[30] Vgl.: Bosch (2011) S. 105 ff.
[31] Vgl.: Gömann (2007) S. 263 f.

Ein weiterer Grund für die intensive Nutzung des Substrats ist mit den erreichbaren Kilowattstunden je Hektar zu begründen. So wird im Durchschnitt auf einem Hektar im Zeitraum von einem Jahr ein umgerechneter Ertragswert von 33000 Kilowattstunden erreicht. Dieser Wert verkörpert somit das durchschnittliche Energiepotenzial von Energiepflanzen. Energiemais hingegen erreicht einen deutlich höheren Wert von 50000 Kilowattstunden. Unter optimalen Anbaubedingungen ist ein Spitzenwert von bis zu 110000 Kilowattstunden möglich. Aufgrund dieses Potenzials existiert somit keine vergleichbare gute Energiepflanze. Aus wirtschaftlichen Gründen ist somit der intensive Maisanbau nachzuvollziehen.[32]

Mit dem EEG aus dem Jahre 2012 wurde wie bereits dargelegt der sogenannte „Maisdeckel" eingeführt. Durch diese Nachbesserung wurden die Anreize Mais anzubauen und energetisch zu verwenden begrenzt. Bei einem festgeschriebenen maximalen Maisanteil von 60% der Substratmasse werden Anreize für alternative Substrate geschaffen. Beispielsweise werden damit Alternativpflanzen wie Sudangras oder Miscanthus attraktiver um die Förderbestimmungen des EEG zu erfüllen. Ebenso wird Landschaftspflegematerial als auch Gülle im EEG namentlich erwähnt und kann verwendet werden. Die ebenbürtige Förderung von Mais, Miscanthus und Sudangras verdeutlicht das gewünschte Anbauverhältnis durch den Gesetzgeber.[33]

Des Weiteren wurde mit dem EEG aus dem Jahre 2012 die Auflagen für neue Anlagen zusätzlich verschärft. So wurde ein Restwärmenutzungsanteil von mindestens 60% definiert. Hierdurch wurde der Anreiz geschaffen, Biogasanlagen in der Nähe von Wohnanlagen im ländlichen Raum zu errichten. Die als Nebenprodukt erzeugte Wärme der Anlagen kann so an Haushalte abgegeben werden.[34]

Weiterhin zu beobachten ist das freiliegende Anbauflächen wieder bestellt werden. Im Jahre 1993 bzw. 1994 wurde durch die gemeinsame europäische Agrarpolitik der europäischen Union ein Stilllegungsanteil von 15 % definiert.[35]

Mit dem steigenden Bedarf an Energiepflanzen werden diese Flächen rekultiviert. Zumeist ist auch hier Mais als Energiepflanze dominant. Allein im Jahre 2008 wurden für das Bundesland Baden-Württemberg ca. 51000 Hektar Land so zusätzlich

---

[32] Vgl.: Bosch (2011) S. 105 ff.
[33] Vgl.: Steinhäußer (2012) S. 444
[34] Vgl.: Steinhäußer (2012) S. 442 ff.
[35] Vgl.: EWG (1992) Artikel 7 Absatz 1

bewirtschaftet. Ein weiterer Vorteil hierbei ist die Aufgabe der zuvor anfallenden Ausgleichszahlungen für stillgelegte Flächen der Landwirte.[36]

Im weiteren Zusammenhang der intensivierten Nutzung von Energiepflanzen sind „Grünlandumbrüche" zu beobachten. In diesem Kontext werden ökologisch wertvolle Flächen in Ackerland umgewandelt um so zusätzliche Erträge zu erzielen.[37]

3.3 Flüssige Biomasse

Im Jahr 2006 wurde flüssige Biomasse primär in Form von Biodiesel als Kraftstoff verwendet. Der Anteil an Biodiesel lag bei 72,5 %, Pflanzenöl bei 18,6 % und Bioethanol (8,6%). Durch flüssige Biomasse konnte 6,6% des im Jahr 2006 anfallenden Kraftstoffverbrauchs gedeckt werden.[38]

Da flüssige Biomasse primär als Kraftstoff für Fahrzeuge verwendet wird und nur marginal in Biomasseanlagen für die Erzeugung von Strom in Betracht kommt werden mögliche Folgen dieser Entwicklung nicht weiter aufgezeigt, wie z.B. der steigende Rapsanbau in Deutschland. Generell ist das Biokraftstoffquotengesetz als Förderinstrument zu erwähnen. Relevant im Zusammenhang mit dem EEG ist die Förderung von Blockheizkraftwerken. Um die Vergütungsansprüche des EEG zu erfüllen ist ein Nachhaltigkeitsnachweis für verwendete Substrate von Nöten. Ab dem Jahr 2007 sanken jedoch kontinuierlich die Anzahl der Anlagen. Die verwendeten Öle, welche als Kraftstoffe für die Blockheizwerke dienen, bestanden zu 10% aus Rapsöl und zu 90% aus Palmöl. Mit dem Inkrafttreten der novellierten Variante des EEG aus dem Jahr 2012 wurde die Förderung gänzlich eingestellt. Trotz Anreizwirkung durch das EEG ist die Anzahl an Anlagen als auch die installierte Leistung durch Blockheizkraftwerke stetig gesunken.[39]

---

[36] Vgl.: Jenssen (2010) S. 115 f.
[37] Vgl.: Meyer (2015) S. 115
[38] Vgl.: Schaper (2008) S. 90 f.
[39] Vgl.: Scheftelowitz (2014) S. 22 ff.

3.4 Holzartige Biomasse

Unter holzartiger Biomasse sind Bäume aus „Kurzumbetriebsplantagen", Waldholz bzw. Abfall- und Nebenprodukte zu verstehen. Beispielsweise wird durch das EEG die Verwendung von Holzpaletten und Altmöbel gefördert. Im Kontext steigender Preise für fossile Brennstoffe könnte die energetische Nutzung von Holz weiter forciert werden. Generell ist das Energiepotenzial verschiedener Baumsorten ähnlich. Folglich ist die Anwendung von schnell wachsenden Baumarten zur Strom- und Wärmeerzeugung von Vorteil und zusätzlich durch das EEG gefördert. Typische Baumarten für das deutsche Klima sind Pappeln, Espen, Weiden oder Akazien.[40]

Problematisch ist hierbei jedoch das bestehende Konfliktpotenzial mit der stofflichen Nutzung von Holz. Neben ökologischen Zielen der Waldbewirtschaftung ist das Hauptziel hierbei Material für die Möbelindustrie zu erzeugen. Am Beispiel von Baden-Württemberg können ca. 38% des nicht stofflich genutzten Restholzes verwendet werden. Das Potenzial beläuft sich auf 1,42 Millionen Megawattstunden je Jahr. Die restlichen 62% sind mit Chemikalien behandelt worden und sind somit aus Umweltschutzgründen nicht für die energetische Nutzung geeignet.[41]

Eine weitere Verwendung von Holz erfolgt durch die Umwandlung in Holzpellets, welche der energetischen Nutzung im Rahmen des EEG, sowie der privaten Nutzung zugerechnet werden können. Der europäische Markt für Holzpellets ist der bedeutendste der Welt. Im Jahre 2008 wurden 8 Megatonnen Holzpellets produziert. Gleichzeitig ist in Europa auch der größte Verbrauch mit 8,5 Megatonnen zu verzeichnen. Im Jahre 2010 betrug der Verbrauch bereits 11 Megatonnen. Schätzungsweise liegt der Verbrauch bis in das Jahr 2020 bei 35 Megatonnen. Deutschland konnte bereits im Jahr 2011 einen Überproduktionsfaktor von 50% aufweisen. Aufgrund der beachtlichen Nachfrage konnte ca. 0,5 Megatonnen exportiert werden. Im internationalen Vergleich ist Deutschland damit zweit stärkster Exporteur.[42]

---

[40] Vgl.: Ortner (2013) S. 77
[41] Vgl.: Jenssen (2010) S. 73 ff.
[42] Vgl.: Ortner (2013) S. 78

4. Umweltfolgen der Bioenergie

Die im Vorangegangenen beschriebenen wirtschaftlichen Novellierungen bedürfen einer Überprüfung im Kontext des Zweckes bzw. der Ziele des EEG. Es ist zu untersuchen, ob die ökologischen Veränderungen mit § 1 Abs. 1 EEG vereinbart sind oder ob diese wirtschaftlichen und gesellschaftlichen Modifizierungen im Gegensatz des Kontextes zum Umwelt- und Klimaschutz stehen.

4.1 Halmartige Biomasse

Durch die steigende Anzahl an Biogasanlagen, insbesondere NawaRo und der damit verbundene erhöhte Bedarf an Mais verändert die Ökologie enorm, so löst Energiemais Weizen als Leitpflanze im Ackerbau ab, welches das regionale Landschaftsbild stark verändert.[43] Die zu erwartenden Umweltauswirkungen des Energiepflanzenanbaus sind jedoch nicht wesentlich von den üblichen Umweltauswirkungen des Nutzpflanzenanbaus zu unterscheiden.[44]

Eng verbunden mit der intensiven Bewirtschaftung, ist die verstärkte Verwendung von Dünge- und Pflanzenschutzmitteln.[45] Im Falle von Mais, ist ein erhöhter Einsatz von Stickstoffdünger zu erwarten, wobei mit der Verschlechterung des Grundwassers zu rechnen ist, so nimmt bei erhöhtem Stickstoffgehalt die Trinkwasserqualität ab und der Wachstum von Pflanzen sowie Algen zu, die dem Wasser Sauerstoff entziehen.[46] Im äußersten Fall können ganze Ökosysteme durch das Einwirken von Stickstoffdünger absterben.[47] Treibhausgasemission entsteht durch die Reaktion des Stickstoffes zu Stickoxid, welches eine 300-fach höhere Wärme zurückhaltende Wirkung als Co2 besitzt. Demnach erhöht sich die Konzentration an Treibhausgasen in der Atmosphäre, im Kontext des Maisanbaus und dessen Stickstoffdüngung.[48] Durch das Einbringen von Düngemittel wird ebenfalls die Erosion von Böden befördert, welche

---

[43] Vgl.: Gömann (2007) S. 270
[44] ebenda
[45] Vgl.: Ammermann (2011) S. 327
[46] Vgl.: Ortner (2013) S.159
[47] ebenda
[48] Vgl.: Ortner (2013) S. 282

außerdem auf die Kultivierung mit Monokulturen zurückzuführen ist. Energiemais bedeckt wie andere Energiepflanzen nur einen geringen Anteil des Bodens und ist deshalb anfällig für die hohe kinetische Energie, die im Falle eines Niederschlags entsteht und so den Boden schädigt. Am stärksten ist die oberste Schicht des Bodens, d.h. der nährstoffreiche Humusboden, betroffen.[49] Der Boden bleibt nach dem Abernten der Fläche meist unbedeckt, dieser Umstand fördert durch das Einwirken von Wechselbedingungen aus Trockenheit und Niederschlag, und der Veränderung der Abflussgeschwindigkeit von Regenwasser, das Erosionsgeschehen.[50]

Die durch das EEG ausgelöste erhöhte Nachfrage nach Biomasse führt zu einer kapitalintensiven sowie arbeitsintensiven Nutzung der Energiepflanze Mais. Die Verengung von Fruchtfolgen und die Aufgabe der üblichen dreigliedrigen Folge des Fruchtanbaus beschädigen Böden und fördern den Ausstoß von Treibhausgasen, was im Widerspruch zur Ökologischen und nachhaltigen Nutzung der Energie steht.

Durch den verstärkten Anbau von Energiepflanzen schwand Anbaufläche etwa für Getreide, so kam es zu Verknappung von Getreide, durch trockenes und heißes Wetter in den letzten Jahren. Dies führte im Umkehrschluss zu Rekordpreisen und der Anlage von neuen zusätzlichen Ackerflächen um dieser Knappheit entgegenzuwirken. Folgen dieser Entwicklung sind der Rückgang an Dauergrünland von 5,05 Millionen Hektar im Jahr 2000 auf 4,64 Millionen Hektar im Jahr 2011.[51] Die zusätzliche Beanspruchung der Böden tangiert die oben genannten Probleme, die eine solche Nutzung mit sich bringt ebenfalls.

Der Transport der anfallenden Substratmasse erfolgt im größten Teil per Lastkraftwagen, was zur Erhöhung der Treibhausgase führt und die Ökobilanz dieser Technologie weiter verschlechtert.[52]

Ein zusätzlich zu beleuchtendes Problem ist der Humusverlust durch die kontinuierliche Entnahme der nachwachsenden Pflanzen, wodurch der Entstehungsprozess der Humusbildung verhindert wird. Die Entnahme der ganzen Pflanze, und die Zuführung zur Energiegewinnung, hinterlässt nur geringfügiges organisches Material auf der landwirtschaftlich genutzten Fläche, sodass üblich

---

[49] Vgl.: Steinhäußer (2012) S. 442-444
[50] Vgl.: Ammermann (2011) S. 327
[51] Vgl.: Meyer (2015) S. 115
[52] Vgl.: Ortner (2013) S. 155

einsetzende Zersetzungsprozesse nicht wirken, woraus langfristig, unter Verwendung dieser Monokulturen, eine Verschlechterung des Bodens absehbar ist.[53]

Im Zusammenhang mit der Einfelderwirtschaft sind negative Wechselwirkungen zu Lasten der Biodiversität zu erwarten, wie beispielsweise die Gefährdung bestimmter Tiergruppen oder die Primärursache für den Artenrückgang im Wiesenbereich.[54]

4.2 Flüssige Biomasse

Die Einführung der Novellierung des EEG 2012 wurde die Abschaffung des Förderanspruches für flüssige Biomasse aus ökologischer Sicht als positiv bewertet.[55] Es wirkt der gängigen Praxis, des Importes für Bioethanol, entgegen, da der Bedarf beispielsweise 2011 zur Hälfte durch Importe realisiert wurde.[56]

Nachhaltigkeitsaspekte wurden über die Biomassenstrom-Nachhaltigkeitsverordnung bewertet, allerdings wurden keine Aussagen zu Landnutzungsfolgen in die Betrachtung einbezogen. Ein Beispiel dafür ist die Verdrängung des Sojaanbaus in Brasilien. Derartig bewirtschaftete Flächen wurden zum Zuckerrohranbau umgenutzt und verdrängten die Sojapflanze auf alternative Areale, welche im Kontext mit der Abholzung des Regenwaldes stehen. Aus diesem Grund wurde dem EEG bis zum Jahre 2012 und der damit verbunden Praxis der Vergütung von flüssig Biomasse in Kooperation des Versagens der Biomassen-Nachhaltigkeitsverordnung die indirekte Zerstörung des Regenwaldes angelastet.[57]

4.3 Holzartige Biomasse

Beim Verbrennen oder Aufbereiten von Holz zur Energiegewinnung wird, wie bei fossilen Brennstoffen, CO_2 freigesetzt, dieses wird jedoch als CO2-neutral eingestuft, da das durch das EEG geförderte Holz nur die Kohlendioxidmenge freisetzt, welche

---

[53] Vgl.: Steinhäußer (2012) S. 442-444
[54] Vgl.: Ammermann (2011) S. 330-335
[55] Vgl.: Steinhäußer (2012) S. 444
[56] Vgl.: Deutscher Bundestag (2012) S. 4

[57] Vgl.: Steinhäußer (2012) S. 444

bereits während des Wachstums der Energieträger aufgenommen wurde. Dieser Art der Energienutzung kann daher ein großes Potenzial an nachhaltiger Entwicklung, Umweltverträglichkeit und Verbesserung der Treibhausbilanz zugeschrieben werden.[58]

Holzartige Biomasse, welche durch das EEG gefördert wird, kann in Altholz, Waldrestholz und Energieholz aus Kurzumtriebsplantagen gegliedert werden[59]

In Folge der energetischen Verwertung von Alt- bzw. Resthölzern wird ein Kohlenstoffreduzierungsfaktor von 0,35 Kohlenstoff je Tonne angenommen, was sich auf die Substitution von Heizöl bezieht. Die in Energieholzplantagen zusätzlichen Aufwendungen in Form von Pflege, Ernte und Transport reduzieren im Kontext der benötigten Energie Ressourcen und Emissionswirkungen den Kohlenstoff Einsparungseffekt auf 0,23 Kohlenstoff je Tonne Holz.[60]

Die energetische Nutzung von Holz steht der stofflichen Verwendung gegenüber, weshalb eine vorrangige stoffliche Benützung und anschließende energetische Verwertung ist aus ökologischen Gründen zu forcieren. Diese Verwendungsart wird als Kaskadennutzung bezeichnet. Diese Nutzform, die die stoffliche Verwendung über „mehrere Nutzungsetappen" beschreibt, hält den Rohstoff Holz oder daraus erzeugte Produkte möglichst lange im Wirtschaftskreislauf, ehe er endgültig der energetischen Verwendung zugeführt wird.[61]

Im Gegensatz zu Holz aus der Kaskadennutzung sind Kurzumtriebsplantagen, welche Energieholz bereitstellen, dass nicht kaskadenartig genutzt wird, als negativ zu bewerten. Die Einsparungen bei Emission und Energieaufwand sind umso geringer, je länger die Nutzungsdauer des Rohstoffes anhält. Die ökologische Bewertung kann zusätzlich durch die Substitution anderer Rohstoffe, deren Herstellung energieaufwändiger ist, gesteigert werden.[62]

Die Verwendung von Waldrestholz ist unter Berücksichtigung gewisser Grenzen als ökologisch akzeptabel einzustufen. Diese Bewertung ergibt sich aus dem Umstand des anteiligen geringen Nährstoffwertes von Waldrestholz an der Nährstoffversorgung

---

[58] Vgl.: Ortner (2013) S. 150
[59] Vgl.: Bundesgesetzesblatt (2008) S. 2093
[60] Vgl.: Pistorius (2006) S. 143
[61] Vgl.: Bundesministerium für Ernährung, Landwirtschaft und Verbraucherschutz (2008)
[62] Vgl.: Gärtner (2012) S. 156-161

des Bodens im Wald, für dessen Gesundheit Stammholz, Rinde sowie Laub- und Nadelstreu bedeutsamer sind.[63]

Die Bergung des Waldrestholzes stellt jedoch in vielen Fällen eine Belastung für das Ökosystem, insbesondere der Böden, dar. So haben Bodenverdichtungen durch das Befahren mit Fahrzeugen Auswirkungen auf Bodenfruchtbarkeit, außerdem muss ein gewisser Anteil an Totholz im Wald, insbesondere im Laubwald, verbleiben, sodass die Entnahme nicht umfassend erfolgen darf.[64]

4.4 Bioenergiedorf

Ein positiv zu bewertendes Beispiel für ökologisch vertretbare Lebensweise stellt das Projekt „Wege zum Bioenergiedorf – Leitfaden für eine eigenständige Wärme- und Stromversorgung auf Basis von Biomasse im ländlichen Raum", welches in Jühnde (Niedersachsen) umgesetzt wird. Energiepflanzen werden mit umweltfreundlichen Anbaukonzepten angepflanzt, wobei Zweikulturarten und Sortenmischung im Saatgut mit der ortsansässigen Nahrungs- und Futtermittelproduktion abgestimmt und auf die intensive Nutzung von Energiemais verzichtet wurden. In der Energiebilanz des Energiepflanzenanbaus konnten ca. 60% der Kohlendioxidentstehung vermieden werden. Auf 20% der Jühnder Anbaufläche konnten weniger Pflanzenschutzmittel eingesetzt und so die Trinkwasserqualität verbessert werden. Durch die zusätzliche Verwendung von winterannuellen Energiepflanzen, wie z.B. Wintergetreide, die den Boden im Winter bedecken, kann die Erosionsgefahr gemindert werden. Diese Erfolge sind auf die hohe und bereitwillige Beteiligung der Bevölkerung von Jühnde zurückzuführen,[65] was einer allgemeingültigen Umsetzbarkeit im Wege steht und an eine Vielzahl von sozialen Bedingungen gekoppelt ist.[66]

---

[63] Vgl.: Arnold (2009) S. 49-52
[64] Vgl.: Flaig (1993) S. 314
[65] Vgl.: Eigner-Thiel (2011) S.24
[66] Vgl.: Karpenstein (2013) S. 24

5. Fazit

Wie durch Abbildung 1 verdeutlicht erhöhte sich die Anzahl der Biomasseanlagen seit 2000 stetig. Verschiedene Varianten des EEG und damit verbunden verschiedene Impulswirkungen auf die Wirtschaft bzw. deren Akteure begründen den Grafen detaillierter. So ist beispielsweise mit dem EEG aus dem Jahre 2004 und dessen Wirken beachtliches Wachstum in der Branche zu beobachten. Insbesondere die garantierte 20-jährige Vergütung bewirkt, dass auch heute noch Anlagen durch das damalige EEG gefördert werden. Mit steigender Anzahl an Biomasse Anlagen und steigender Stromerzeugungspotenziale steht ein gestiegener Substratbedarf im Zusammenhang. Dieser wird im Bereich der halmartigen Biomasse verstärkt durch Mais als Energiepflanze kompensiert. Allerdings sind hierbei negative Umwelteffekte zu beobachten. Ein „nachsteuern" des EEG ist mit dem „Maisdeckel" aus dem Jahre 2012 beispielsweise zu beobachten, d.h. der Maisanbau wurde dadurch gebremst. Jedoch wirkte sich diese Maßnahme ebenso negativ auf den Ausbau der Biomasseanlagen aus. Die Begrenzung der wichtigsten Substratmasse Mais aus ökologischen Gründen verhindert gewollte Wachstumseffekte in der Branche und damit die Stromerzeugung aus Bioenergie. Aufgrund dieses Zielkonfliktes versagt das EEG zumindest teilweise und der flächendeckende Einsatz von „Grüner" Energie durch Biomasse ist an diesem Beispiel nicht zu beobachten.

Im Bereich der holzartigen Biomasse ist signifikant weniger Konfliktpotenzial zu beobachten. Da die energetische Nutzung von Holz Co2 neutral ist. Wünschenswert wäre jedoch die Nutzung von Holz zunächst stofflich (z.B. Möbel) und anschließend energetisch. Diese Kaskadennutzung von Holz würde zusätzlich emissionssenkende Wirkung erzeugen und somit Aspekte der Nachhaltigkeit besser bedienen. In diesem Falle würde jedoch der Ausbau der Bioenergie gebremst werden. Auch hier ist somit ein Zielkonflikt zu erkennen, wodurch (noch) bessere Umwelteffekte nicht zum Tragen kommen.

Die bis in das Jahr 2012 wirkende Förderung von flüssiger Biomasse durch das EEG konnte indirekt mit dem Abholzen der Regenwälder in Verbindung gebracht werden. Daher ist es positiv zu bewerten das dieser Widerspruch mit dem Aufheben des Förderungsanspruchs ebenfalls im Jahre 2012 behoben wurde.

Ganzheitlich betrachtet ist das EEG erfolgreich beim Ausbau der Biomasse Technologie. Insbesondere Landwirte können so als Substratlieferant agieren bzw. selbst Biomasseanlagen betreiben und davon profitieren. Am Beispiel „4.4 Bioenergiedorf" konnte das ganzheitliche Potenzial der Technologie in einem idealtypischen Umfeld getestet werden. Wirtschaftliche Komponenten sowie Aspekte der Nachhaltigkeit sind hierbei im Gleichgewicht. Dies ist jedoch wie durch die beschriebenen Probleme nicht flächendeckend in Deutschland zu beobachten.

Literaturverzeichnis

Abarzúa, Tatiana (2016): „Deutliche Ausbremsung des Ausbaus der erneuerbaren Energien droht" Beitrag auf Telepolis, unter: http://www.oecd.org/berlin/41504144.pdf (abgerufen am 14.03.2018)

Ammermann, K.; Mengel, A. (2011): „Energetischer Biomassenanbau im Kontext von Naturschutz, Biodiversität, Kulturlandschaftsentwicklung" in Biomasse: Perspektiven räumlicher Entwicklung Seiten 323-337

Bahrs, E.; Held, J.-H.; Thiering, J. (2007): „Auswirkungen der Bioenergieproduktion auf die Agrarpolitik sowie auf Anreizstrukturen in der Landwirtschaft", Göttingen, Univ. Dep. für Agrarökonomie und Rurale Entwicklung (Diskussionspapiere /Department für Agrarökonomie und Rurale Entwicklung

Bosch, S.; Peyke, G. (2011): Gegenwind für die Erneuerbaren – Räumliche Neuorientierung der Wind-, Solar- und Bioenergie vor dem Hintergrund einer verringerten Akzeptanz sowie zunehmender Flächennutzungskonflikte im ländlichen Raum. In: Raumforschung und Raumordnung 2/2011 Seiten 105-118

Bundesgesetzblatt (1990): „Gesetz über die Einspeisung von Strom aus erneuerbaren Energien in das öffentliche Netz (Stromeinspeisungsgesetz)", abrufbar unter: https://www.bgbl.de/xaver/bgbl/start.xav#__bgbl__%2F%2F*%5B%40attr_ id%3D%27l_2018_10_inhaltsverz%27%5D__1522055948342

Bundesgesetzblatt (2000): „Gesetz für den Vorrang Erneuerbarer Energien (Erneuerbare-Energien-Gesetz – EEG) sowie zur Änderung des Energiewirtschaftsgesetzes und des Mineralölsteuergesetzes", abrufbar unter: https://www.bgbl.de/xaver/bgbl/start.xav?startbk=Bundesanzeiger_BGBl&jumpTo=bg bl100s0305.pdf#__bgbl__%2F%2F*%5B%40attr_id%3D%27bgbl100s0305.pdf%27 %5D__1522056039580

Bundesgesetzblatt (2004): „Gesetz zur Neuregelung des Rechts der Erneuerbaren Energien im Strombereich", abrufbar unter: https://www.bgbl.de/xaver/bgbl/start.xav? startbk=Bundesanzeiger_BGBl&jumpTo=bgbl104s1918.pdf#__bgbl__%2F%2F*%5B %40attr_id%3D%27bgbl104s1918.pdf%27%5D__1522056278084

Bundesgesetzblatt (2008): „Gesetz zur Neuregelung des Rechts der Erneuerbaren Energien im Strombereich und zur Änderung damit zusammenhängender Vorschriften", abrufbar unter: https://www.bgbl.de/xaver/bgbl/start.xav?startbk= Bundesanzeiger_BGBl&jumpTo=bgbl104s1918.pdf#__bgbl__%2F%2F*%5B%40attr _id%3D%27bgbl108049.pdf%27%5D__1522064674996

Bundesministerium für Wirtschaft und Energie: „Erneuerbares Energien Gesetz 2000 (EEG 2000)", unter: https://www.erneuerbare-energien.de/EE/Redaktion /DE/Dossier/eeg.html?cms_docId=71110 (abgerufen am 14.03.2018)

Bundesministerium für Wirtschaft und Energie: „Erneuerbares Energien Gesetz 2004 (EEG 2004)", unter: https://www.erneuerbare-energien.de/EE/Redaktion /DE/Dossier/eeg.html?cms_docId=71116 (abgerufen am 14.03.2018)

Bundesministerium für Wirtschaft und Energie: „Erneuerbares Energien Gesetz 2009 (EEG 2009)", unter: https://www.erneuerbare-energien.de/EE/Redaktion /DE/Dossier/eeg.html?cms_docId=71120 (abgerufen am 14.03.2018)

Bundesministerium für Wirtschaft und Energie: „Erneuerbares Energien Gesetz 2012 (EEG 2012)", unter: https://www.erneuerbare-energien.de/EE/Redaktion /DE/Dossier/eeg.html?cms_docId=71802 (abgerufen am 14.03.2018)

Bundesministerium für Wirtschaft und Energie: „Erneuerbares Energien Gesetz 2014 (EEG 2014)", unter: https://www.erneuerbare-energien.de/EE/Redaktion /DE/Dossier/eeg.html?cms_docId=73930 (abgerufen am 14.03.2018)

Bundesministerium für Wirtschaft und Energie: „Erneuerbares Energien Gesetz 2017 (EEG 2017)", unter: https://www.erneuerbare-energien.de/EE/Redaktion /DE/Dossier/eeg.html?cms_docId=401818 (abgerufen am 14.03.2018)

Deutscher Bundestag (2012): „Unterrichtung durch die Bundesregierung – Bericht zur Steuerbegünstigung für Biokraftstoffe 2011" abrufbar unter: http://dipbt.bundestag.de /dip21/btd/17/106/1710617.pdf

EWG (1993): „Verordnung (EWG) Nr. 1765/92, unter: http://eurlex.europa.eu/ LexUriServ/LexUriServ.do?uri=CELEX:31992R1765:DE:HTML (abgerufen am 14.03.2018)
Fraktionen der CDU/CSU und FDP (1990): „Gesetzesentwurf eines Gesetzes über die Einspeisung von Strom aus erneuerbaren Energien in das öffentliche Netz (Stromeinspeisungsgesetz)"

Gömann, H.; Kreins, P.; Breuer, T. (2007): „Deutschland – Energie-Corn-Belt Europas?" in Agrarwirtschaft Band 56 Heft 5/6 Seiten 263-271

Jenssen, T. (2010): „Einsatz der Bioenergie in Abhängigkeit von der Raum- und Siedlungsstruktur: Wärmetechnologien zwischen technischer Machbarkeit, ökonomischer Wirksamkeit und sozialer Akzeptanz", Wiesbaden:Vieweg+Teubner Verlag

Karpenstein-Machan, M.; Wüste, A.; Schmuck, P. (2013):" Erfolgreiche Umsetzung von Bioenergiedörfern in Deutschland – Was sind die Erfolgsfaktoren?" in Berichte über Landwirtschaft, unter: http://buel.bmel.de/index.php/buel/article/view/21 /karpenstei-machan-html (abgerufen am 14.03. 2018)

Koalitionsvertrag zwischen CDU, CSU und SPD (2013): „Deutschlands Zukunft gestalten", abrufbar unter: https://www.bundesregierung.de/Content/DE/ _Anlagen/ 2013/2013-12-17-koalitionsvertrag.html

Leuschner, U.: „Förderung der Erneuerbaren Energien", unter: http://www.udo-leuschner.de/basiswissen/SB103-06.htm (abgerufen am: 14.03. 2018)

Lüdeke-Freund, F. & Opel, O. (2014): „Energie" in Heinrichs, H. & Michelsen, G. Hrsg., „Nachhaltigkeitswissenschaften" (S. 427-454), Heidelberg, Springer Spektrum

Meyer, R.; Priefer, C. (2015): „Energiepflanzen und Flächenkonkurrenz: Indizien und Unsicherheiten" in GAiA 2/15 Seiten 108-118

OECD: „Kernaussagen", unter: http://www.oecd.org/berlin/41504144.pdf (abgerufen am 14.03.2018)

OECD (2017):" Investieren in Klimaschutz, investieren in Wachstum", unter: http://www.bmub.bund.de/fileadmin/Daten_BMU/Download_PDF/Klimaschutz/oecd_s tudie_2017_kernaussagen_bf.pdf (abgerufen am 14.03.2018)

Ortner, K.; Janetschek, H.; Quendler, E. (2013): „Die Zukunft der Energie: Potentiale, Maßnahmen und Wettbewerbsfähigkeit von Bioenergie", Wien, Bundesanstalt für Agrarwirtschaft

Pistorius, T.; Zell, J.; Hartebrodt, C. (2006): „Untersuchung zur Rolle des Waldes und der Forstwirtschaft im Kohlenstoffhaushalt des Landes Baden-Württemberg" Forschungsbericht der Forstlichen Versuchs- und Forschungsanstalt Baden-Württemberg – Institut für Forstökonomie, abrufbar unter: http://www.fachdokumente. lubw.baden-wuerttemberg.de/servlet/is/40255/zo3k23004SBer.pdf?command= downloadContent&filename=zo3k23004SBer.pdf

Plieninger, T.; Beetz, S.; Bens, O.; Hüttl, R. (2009): „Innovationen der Landnutzung in Norddeutschland – Eine Fallstudie aus dem Bioenergiesektor" (2009): abrufbar unter: https://www.researchgate.net/publication/286837012_Land_Use_Innovations _in_North-East_Germany_-_A_Case_Study_from_the_Bioenergy_Sector

Quaschning, V. (2016): „Sektorkopplung durch die Energiewende"; Hochschule für Technik und Wirtschaft Berlin

Schaper, C. (2008): „Der Markt für Bioenergie" in Agrarwirtschaft Band 67 Heft 1 Seiten 87-108

Scheftelowitz, M. (2014): „Stromerzeugung aus Biomasse – Vorhaben IIa Biomasse", wissenschaftlicher Bericht vom Deutschen Biomasseforschungszentrum DBFZ, abrufbar unter: https://www.dbfz.de/fileadmin/eeg_monitoring/berichte/03_ Monitoring_ZB_Mai_2014.pdf

Steinhäußer, R. (2012): „Aktuelle Änderungen im Erneuerbare-Energien-Gesetz (EEG) und die geplante Reform der Gemeinsamen Agrarpolitik der Europäischen Union (GAP): Konsequenzen für die umweltgerechte Bereitstellung von Bioenergie" in Natur und Recht, Volume 34/7, Heidelberg, Springer Berlin